课题名称：跨区域一体化核生化应急医学救援体系研究

课题专项：国家重点研发计划——科技冬奥

课题编号：2021YFF0307300

核生化应急医学救援

临床决策思维导图

马青变　付卫　主编

U0227156

科学技术文献出版社

SCIENTIFIC AND TECHNICAL DOCUMENTATION PRESS

·北京·

图书在版编目（CIP）数据

核生化应急医学救援临床决策思维导图/马青变，付卫主编. —北京：科学技术文献出版社，2022.6

ISBN 978-7-5189-9286-7

Ⅰ.①核… Ⅱ.①马… ②付… Ⅲ.①放射性事故—急救医疗 Ⅳ.① TL73 ② R142

中国版本图书馆 CIP 数据核字（2022）第 103239 号

核生化应急医学救援临床决策思维导图

策划编辑：邓晓旭　　责任编辑：胡　丹　邓晓旭　　责任校对：张永霞　　责任出版：张志平

出　版　者	科学技术文献出版社
地　　　址	北京市复兴路 15 号　邮编　100038
编　务　部	（010）58882938，58882087（传真）
发　行　部	（010）58882868，58882870（传真）
邮　购　部	（010）58882873
官 方 网 址	www.stdp.com.cn
发　行　者	科学技术文献出版社发行　全国各地新华书店经销
印　刷　者	北京虎彩文化传播有限公司
版　　　次	2022 年 6 月第 1 版　2022 年 6 月第 1 次印刷
开　　　本	787×1092　1/16
字　　　数	67 千
印　　　张	4.75
书　　　号	ISBN 978-7-5189-9286-7
定　　　价	39.00 元

编委会

前　言

　　科技进步是一柄双刃剑，在解放与发展生产力的同时，也带来相应的安全威胁及隐患。随着核、生、化等相关材料与技术的发展，其造成灾难性事件的可能性大大提高。

　　在《习近平关于防范风险挑战、应对突发事件论述摘编》中，总书记指出，公共安全无处不在，事关群众身体健康和生命安全。

　　目前，国内应对核生化威胁造成的伤亡事件的处置能力相对不足，医务人员应对此类事件的应急医学救援经验欠缺。由于核生化事件具有突发性、罕见性、破坏性、播散性等特点，短时间内往往造成核生化损伤患者应急医学救援的需求激增。此类患者的临床诊疗专业性强，需要所有参与应急医疗救援的医务人员掌握相关知识，并在有限的时间里对患者行高效、准确的临床救援决策。

　　北京大学第三医院承担国家级核应急医疗和防疫救援任务，在核与辐射损伤、化学毒物中毒、生物毒素危害及传染病救治方面具有丰富的应急经验及救治能力。2022 年北京冬奥会举办期间，北京大学第三医院牵头申报了科技部国家重点研发计划项目（项目编号：2021YFF0307300），联合"军、医、心、信、工"等多家优势单位，围绕"跨区域一体化核生化应急医学救援体系研究"这一重大科学问题进行了紧急攻关，取得了一系列研究成果，并在赛前进行了多次实地模拟演练，保证了赛时实际应用，为北京冬奥会及冬残奥会的顺利举办贡献了一份力量。

　　在此基础上，北京大学第三医院联合中国人民解放军总医院第五医学中心、北京急救中心、中国疾病预防控制中心辐射防护与核安全医学所等单位，紧密结合核生化应急医学救援需求，吸纳国内外相关研究成果，编写了《核生化应急医学救援临床决策思维导图》。本书采用思维导图的形式，对复杂生涩的核生化损伤诊疗知识进行了系统性梳理与可视化展示，便于相关人员快速学习并掌握相关诊疗知识，以提高应急医学救援临床决策能力。本书强调实用性，尽力做到言简意赅、逻辑层次清楚，以期为核生化损伤应急医学救治的规范化、同质化提供技术支撑及后备人员保障。

马青变

目　录

第一篇　核与辐射损伤诊治

核生化应急医学救援
临床决策思维导图

第一篇

核与辐射损伤诊治

第一章 绪 论

一、辐射来源

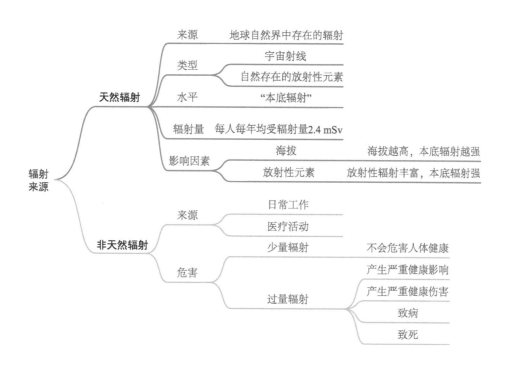

二、核与辐射损伤事件特点

核与辐射损伤事件突发性强、类型多样、损伤途径多、危害迅速，具有较明显的阶段性，后期影响深远。

三、辐射损伤机制及辐射类型

1. 病理生理学机制

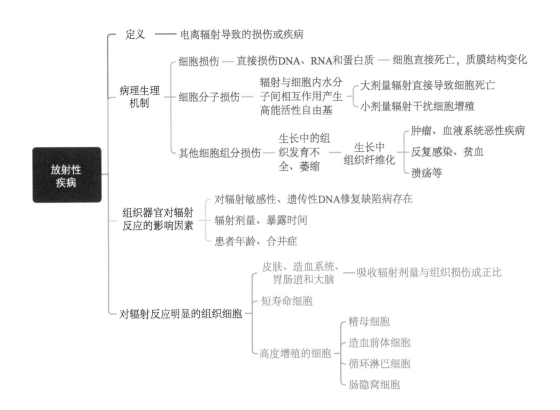

2. 粒子及射线类型

不同类型的电离辐射暴露会产生不同的损伤模式,辐射类型包括高能量电磁波(X射线和γ射线)及粒子(主要有α粒子、β粒子、中子)。

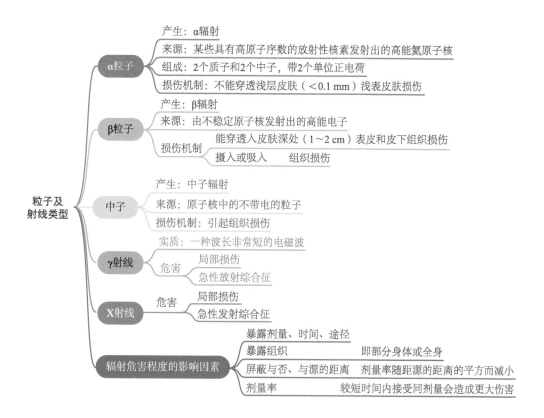

3. 辐射计量单位

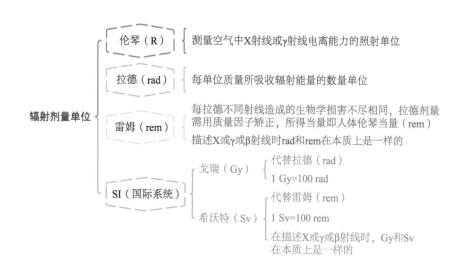

四、核与辐射暴露类型及定义

1. 辐射外照射与外污染

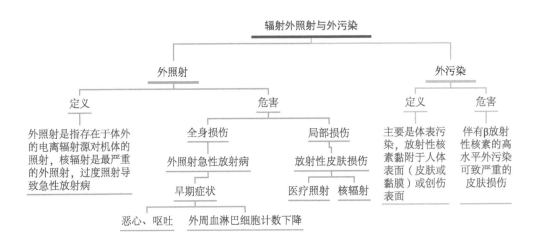

2. 辐射内照射与内污染

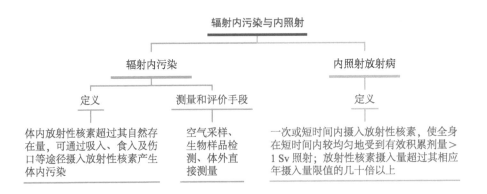

（图片制作：陈泽同）

第二章　急性放射病

一、基础知识

1. 基本定义

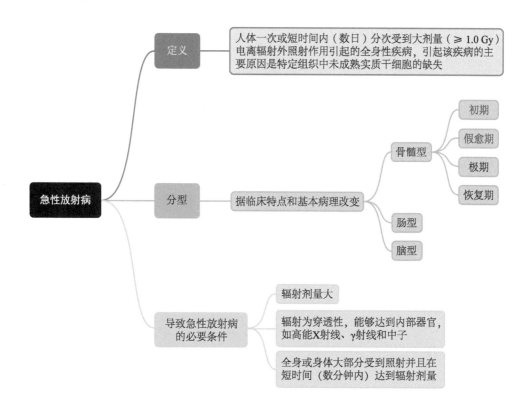

急性放射病

- 定义：人体一次或短时间内（数日）分次受到大剂量（≥ 1.0 Gy）电离辐射外照射作用引起的全身性疾病，引起该疾病的主要原因是特定组织中未成熟实质干细胞的缺失
- 分型：据临床特点和基本病理改变
  - 骨髓型
    - 初期
    - 假愈期
    - 极期
    - 恢复期
  - 肠型
  - 脑型
- 导致急性放射病的必要条件
  - 辐射剂量大
  - 辐射为穿透性，能够达到内部器官，如高能X射线、γ射线和中子
  - 全身或身体大部受到照射并且在短时间（数分钟内）达到辐射剂量

2. 急性放射病分型和分度

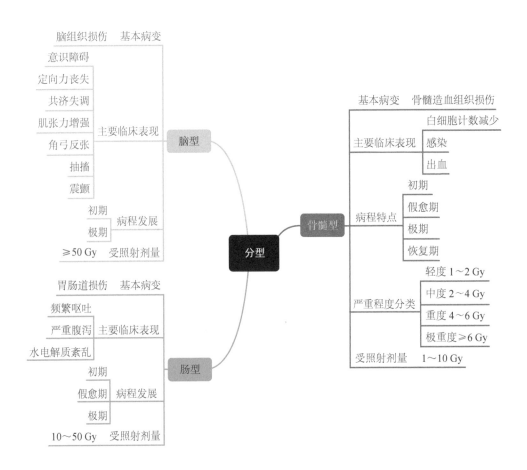

二、临床表现

临床表现

骨髓型

病程1~2月，以白细胞计数减少、不适、出血和感染退等症状，感染出血为主要临床表现

轻度
- 初期表现为乏力、不适、食欲减退等症状
- 一般不出现脱发，出血和感染等极期症状
- 受照后1~2 d内白细胞计数有一过性升高，可达10×10⁹/L左右，之后稍下降，30 d可降至(3~4)×10⁹/L

$可达10×10^9/L左右，30\,d可降至(3\sim4)×10^9/L$

中度
- 受辐射后2~3 h内，出现头晕、恶心的初期症状，外周血白细胞计数会伴随这种现象的发生而增多，24 h后数量回复
- 受辐射后72 h，淋巴细胞绝对值减少至0.75×10⁹/L左右

重度
- 发病2~3 d后便会进入持续2~3周的假愈期
- 初期表现2 h内多次呕吐，可有腹泻

极重度

初期反应期：照射当日至照后4 d
- 头晕、乏力、食欲减退和恶心、呕吐、颜面潮红、腮腺肿大、眼结合膜充血和口唇肿胀
- 血淋巴细胞绝对值急剧下降，正比于疾病严重程度

假愈期：照后5~20 d
- 全身精神、食欲状态进一步变差，出现明显皮肤出血倾向，有明显脱毛脱发、发热，可再次出现恶心、呕吐和腹泻，全身一般情况恶化

极期：
- 初期症状轻或消失，期末开始有脱发、脱毛、骨髓增生受抑制
- 白细胞计数持续减少，骨髓增生受抑制
- 血淋巴细胞计数≤2×10⁹/L，血小板计数降至≤20×10⁹/L，出现贫血、水电解质紊乱

恢复期：照后35~60 d
- 经治疗后，一般都能度过极期而进入恢复期
- 骨髓造血功能恢复，白细胞（含中性粒细胞）和血小板计数回升

脑型

受照剂量为≥50 Gy

- 以中枢神经系统损伤为基本损伤变化
- 暴露后数分钟内开始表现为恶心、呕吐和嗜睡，出现意识障碍、定向力障碍、共济失调、肌张力增高和振颤、强直性或阵挛性抽搐
- 24~48 h内发生的定向障碍、共济失调、低血压、癫痫发作、发绀和低血压，预示死亡风险高
- 淋巴细胞绝对计数＜0.3×10⁹/L时病程更可短至数小时至1~2 d，出现血压下降、休克、昏迷甚至死亡

肠型

胃肠道症状轻重随着暴露剂量和时间变化

呕吐与否+时间及绝对淋巴细胞计数确定辐射暴露剂量

轻度
- 受照射量为10~20 Gy
- 受照射后1 h内出现严重恶心、呕吐、血水便
- 1~3 d内出现稀腹泻便、血水便
- 3~6 d，假愈期后上述症状加重为极期，可伴有水样血水便，发热

重度
- 受照射量为20~50 Gy
- 受照后1 d内出现频繁呕吐、难以忍受的腹痛、全身衰竭、低体温
- 剧烈呕吐胆汁或咖啡样物，严重者第2周可见中重血水便、脱水，大便失禁，高热，脱落的肠黏膜组织

全身受照剂量估算与处理原则

受照后呕吐情况	吸收剂量（Gy）	ARS 严重程度	处 理 原 则
受照后 < 10 min	>8	致命	核与辐射损伤救治基地 有放射病科/中心的医院治疗
受照后 10 ~ 30 min	6 ~ 8	极严重	
受照后 < 1 h	4 ~ 6	重度	
受照后 1 ~ 2 h	2 ~ 4	中度	
受照后 > 2 h	<2	轻度	血液科/外科（烧伤科）住院治疗
受照后无呕吐	<1	可无 ARS	门诊观察 5 周（皮肤、血液）

各类型急性放射病各期特点

ARS 分类	受照剂量	前驱期	无症状潜伏期	明显全身疾病期	痊 愈
骨髓型 BM	>0.7 Gy 轻症者可低至 0.3 Gy 或 30 rads	厌食、恶心、呕吐；受照 1 h ~ 2 d 发病；持续数分钟至数天	自觉良好，骨髓干细胞逐渐死亡；持续 1 ~ 6 周	厌食、发热和不适；数周内全血细胞下降；死亡原因为感染和出血；生存率反比于辐射剂量；死亡多于暴露后数月内	通常骨髓可恢复；接触后几周至 2 a 内，大部分可康复；部分 1.2 Gy（120 rads）致死；$LD_{50/60}$ 约 2.5 ~ 5 Gy（250 ~ 500 rads）
肠型 GI	> 10 Gy 可低至 6 Gy 或 600 rads	厌食、严重恶心、呕吐、腹痛、腹泻；受照数小时内发病；持续 2 d	感觉良好，骨髓干细胞和胃肠细胞正在死亡；持续 < 1 w	不适、厌食、严重腹泻、发热、脱水、电解质失衡；死亡原因为感染、脱水和电解质失衡；暴露 2 周内可死亡	LD_{100} 约 10 Gy（1000 rads）
脑型 CNS	≥ 50 Gy 可低至 20 Gy 或 2000 rads	恶心、呕吐、腹泻、意识丧失、皮肤灼烧；暴露后数分钟发病；持续数分钟至数小时	可恢复部分功能；持续数小时，通常更短	水样腹泻、抽搐和昏迷；暴露后 5 ~ 6 h 发病；死亡躲在暴露后 3 d 内	预计痊愈可能低

三、诊断

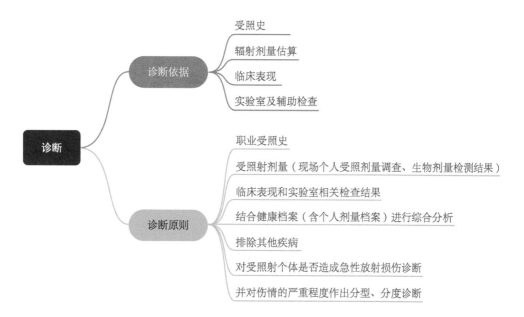

诊断

诊断依据
- 受照史
- 辐射剂量估算
- 临床表现
- 实验室及辅助检查

诊断原则
- 职业受照史
- 受照射剂量（现场个人受照剂量调查、生物剂量检测结果）
- 临床表现和实验室相关检查结果
- 结合健康档案（含个人剂量档案）进行综合分析
- 排除其他疾病
- 对受照射个体是否造成急性放射损伤诊断
- 并对伤情的严重程度作出分型、分度诊断

四、现场救治

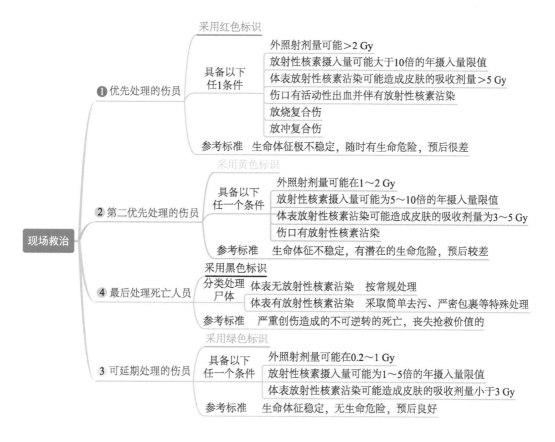

现场救治

❶ 优先处理的伤员　采用红色标识
- 具备以下任1条件
  - 外照射剂量可能＞2 Gy
  - 放射性核素摄入量可能大于10倍的年摄入量限值
  - 体表放射性核素沾染可能造成皮肤的吸收剂量＞5 Gy
  - 伤口有活动性出血并伴有放射性核素沾染
  - 放烧复合伤
  - 放冲复合伤
- 参考标准　生命体征极不稳定，随时有生命危险，预后很差

❷ 第二优先处理的伤员　采用黄色标识
- 具备以下任一个条件
  - 外照射剂量可能在1～2 Gy
  - 放射性核素摄入量可能为5～10倍的年摄入量限值
  - 体表放射性核素沾染可能造成皮肤的吸收剂量为3～5 Gy
  - 伤口有放射性核素沾染
- 参考标准　生命体征不稳定，有潜在的生命危险，预后较差

❹ 最后处理死亡人员　采用黑色标识
- 分类处理尸体
  - 体表无放射性核素沾染　按常规处理
  - 体表有放射性核素沾染　采取简单去污、严密包裹等特殊处理
- 参考标准　严重创伤造成的不可逆转的死亡，丧失抢救价值的

❸ 可延期处理的伤员　采用绿色标识
- 具备以下任一个条件
  - 外照射剂量可能在0.2～1 Gy
  - 放射性核素摄入量可能为1～5倍的年摄入量限值
  - 体表放射性核素沾染可能造成皮肤的吸收剂量小于3 Gy
- 参考标准　生命体征稳定，无生命危险，预后良好

五、院内治疗

1. 院内总体治疗原则

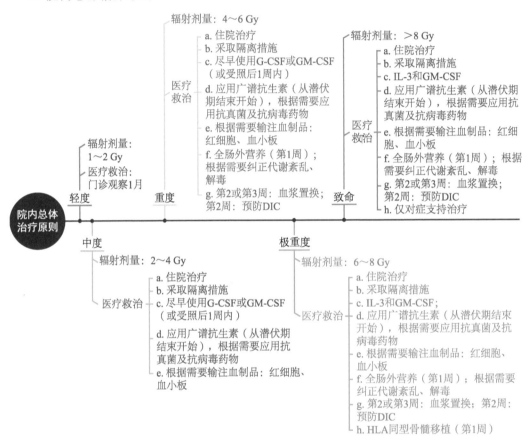

2. 骨髓型治疗

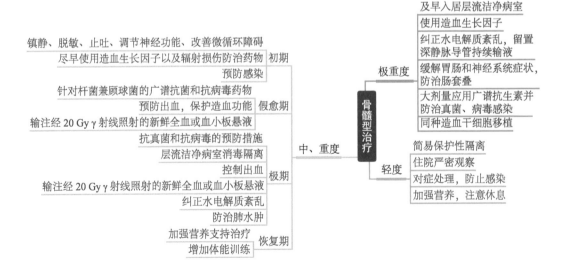

3. 肠型治疗

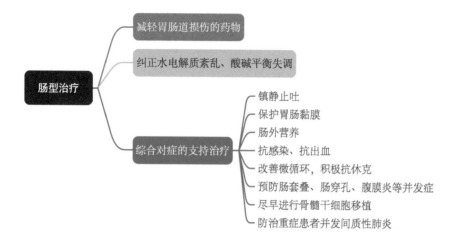

4. 脑型治疗

（图片制作：叶晨曦　张延妍　管伯颜）

第三章　辐射内污染及内照射

一、基础知识

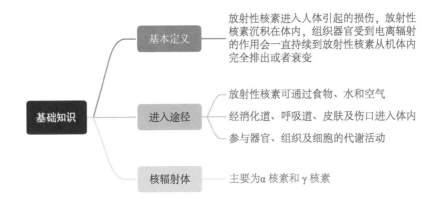

二、临床表现

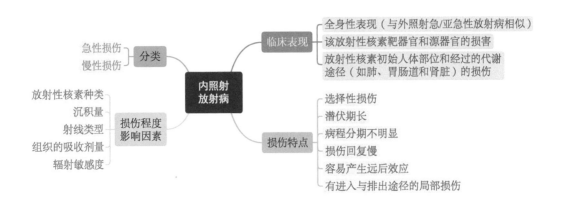

三、诊断依据

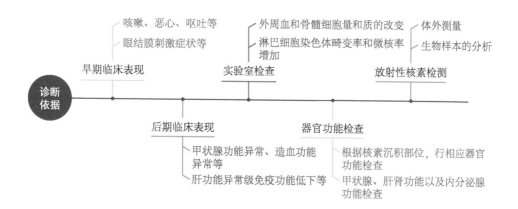

四、医学处置

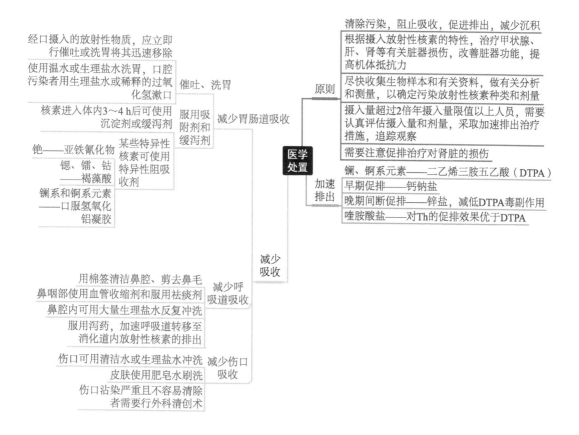

（图片制作：仇涂蕊）

第四章 辐射外污染

一、核和辐射事故医学应急处理导则

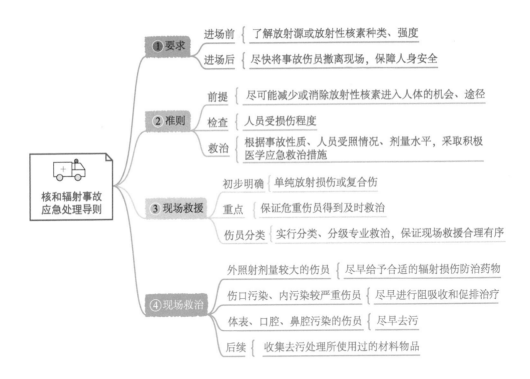

核和辐射事故应急处理导则

① 要求
- 进场前 { 了解放射源或放射性核素种类、强度
- 进场后 { 尽快将事故伤员撤离现场，保障人身安全

② 准则
- 前提 { 尽可能减少或消除放射性核素进入人体的机会、途径
- 检查 { 人员受损伤程度
- 救治 { 根据事故性质、人员受照情况、剂量水平，采取积极医学应急救治措施

③ 现场救援
- 初步明确 { 单纯放射损伤或复合伤
- 重点 { 保证危重伤员得到及时救治
- 伤员分类 { 实行分类、分级专业救治，保证现场救援合理有序

④ 现场救治
- 外照射剂量较大的伤员 { 尽早给予合适的辐射损伤防治药物
- 伤口污染、内污染较严重伤员 { 尽早进行阻吸收和促排治疗
- 体表、口腔、鼻腔污染的伤员 { 尽早去污
- 后续 { 收集去污处理所使用过的材料物品

二、伤员分类与救治顺序

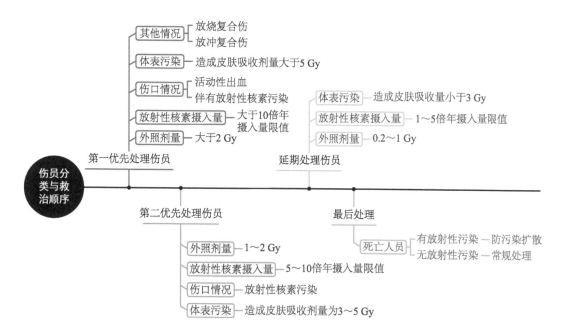

三、辐射外污染处置顺序

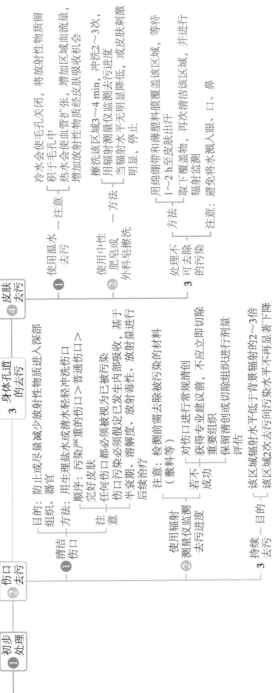

辐射外污染处置顺序

① 初步处理
- 1 脱去衣物
  - 目的：脱去衣物可清除80%~90%体外污染
  - 注意：避免衣物上的污染物扩散
- 2 妥善处理衣物
  - 方法：密封于塑料袋中，贴标签、放射性核素的识别
  - 后续处理衣物：衣服可用于放射性剂量重建实验
  - 个人物品（手表等）可用于剂量重建实验
- 3 初步放射检查
  - 前提：患者健康状况允许
  - 目的：确定是否存在污染（估计身体特定区域污染水平）
  - 专业人员：医学物理学家、剂量团队

② 伤口去污
- 1 清洁伤口
  - 目的：防止或尽量减少放射性物质进入深部组织、器官
  - 方法：用生理盐水或清水轻轻冲洗伤口 > 完好皮肤
  - 顺序：污染严重的伤口 > 普通伤口 > 完好皮肤
  - 注意：任何伤口都必须被视为已被污染
    - 伤口污染必须假设已发生在内部吸收，基于伤口污染半衰期、溶解度、放射毒性、放射量进行后续治疗
- 2 使用辐射测量仪监测去污进度
  - 注意：检测前需去除被污染的材料（敷料等）
    - 若不成功：对伤口进行常规清创，获取专业组织建议前，不应立即切除重要组织，保留清创或切除组织进行剂量评估
- 3 持续去污
  - 目的：该区域辐射水平低于背景辐射的2~3倍
    - 该区域2次去污间污染水平不再显著下降

③ 身体孔道的去污
- 注意：放射性物质在身体孔道吸收速度更快
- 方法：
  - 口：用清水多次冲洗
  - 鼻：用清水多次冲洗
  - 眼：用清水或生理盐水多次冲洗

④ 皮肤去污
- 1 使用温水去污
  - 注意：
    - 冷水会使毛孔关闭，将放射性物质保留积于毛孔中
    - 热水会使血管扩张，增加区域血流量，增加放射性物质经皮肤吸收机会
    - 擦洗该区域3~4 min，冲洗2~3次，用辐射测量仪监测去污进度
    - 当辐射水平无明显明显减少，或皮肤刺激明显，停止
- 2 使用中性肥皂或外科皂擦洗
- 3 处理不可去除的污染
  - 方法：
    - 用绵绸带和薄塑料膜覆盖该区域，等待1~2 h至皮肤出汗
    - 取下覆盖物，再次清洁该区域，并进行辐射监测
  - 注意：避免将水溅入眼、口、鼻

四、污染伤口处理

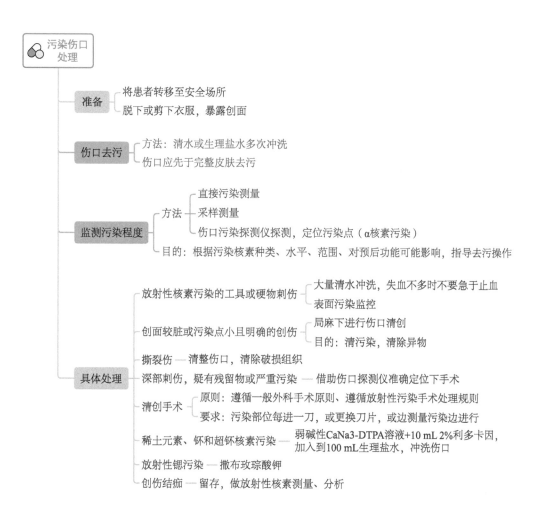

污染伤口处理

准备
- 将患者转移至安全场所
- 脱下或剪下衣服，暴露创面

伤口去污
- 方法：清水或生理盐水多次冲洗
- 伤口应先于完整皮肤去污

监测污染程度
- 方法
  - 直接污染测量
  - 采样测量
  - 伤口污染探测仪探测，定位污染点（α核素污染）
- 目的：根据污染核素种类、水平、范围、对预后功能可能影响，指导去污操作

具体处理
- 放射性核素污染的工具或硬物刺伤
  - 大量清水冲洗，失血不多时不要急于止血
  - 表面污染监控
- 创面较脏或污染点小且明确的创伤
  - 局麻下进行伤口清创
  - 目的：清污染，清除异物
- 撕裂伤 — 清整伤口，清除破损组织
- 深部刺伤，疑有残留物或严重污染 — 借助伤口探测仪准确定位下手术
- 清创手术
  - 原则：遵循一般外科手术原则、遵循放射性污染手术处理规则
  - 要求：污染部位每进一刀，或更换刀片，或边测量污染边进行
- 稀土元素、钚和超钚核素污染 — 弱碱性CaNa3-DTPA溶液+10 mL 2%利多卡因，加入到100 mL生理盐水，冲洗伤口
- 放射性锶污染 — 撒布玫琼酸钾
- 创伤结痂 — 留存，做放射性核素测量、分析

五、伤员转运细节

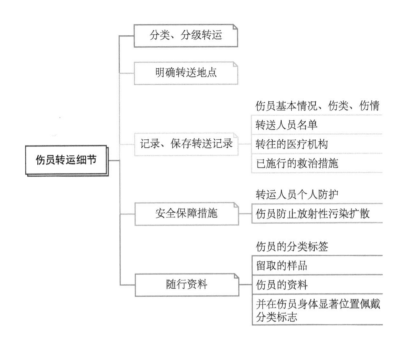

六、现场医学应急响应

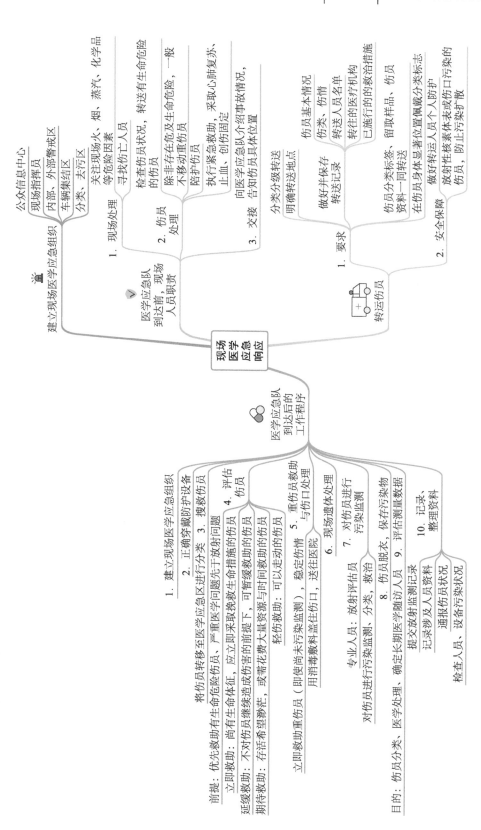

（图片制作：郝况建）

21

核生化应急医学救援
临床决策思维导图

第二篇

生物损伤救治

第五章　炭疽芽孢杆菌感染

一、概述

炭疽是一种古老的人兽共患病，其病原体为炭疽芽孢杆菌（简称炭疽杆菌）。二战期间，炭疽芽孢杆菌曾被列为首位生物战剂，其原因如下。

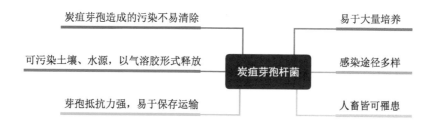

二、病原学特征

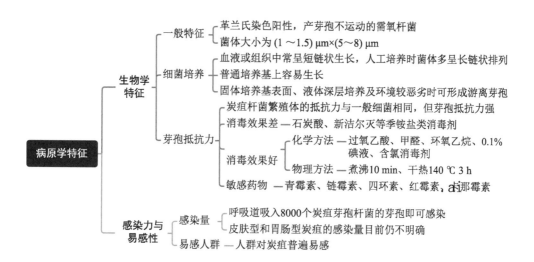

三、流行病学特征

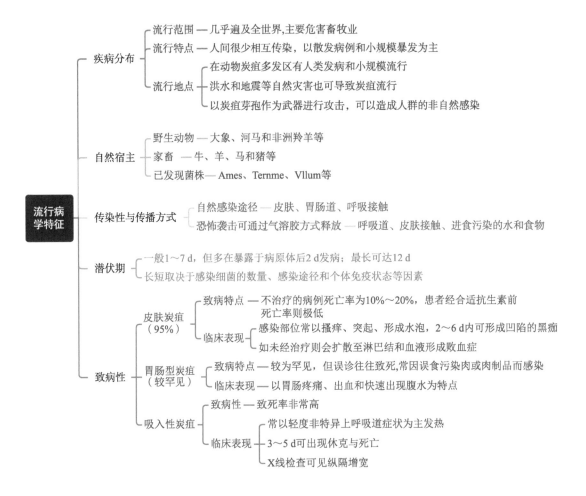

流行病学特征

疾病分布
- 流行范围 — 几乎遍及全世界,主要危害畜牧业
- 流行特点 — 人间很少相互传染,以散发病例和小规模暴发为主
- 流行地点
  - 在动物炭疽多发区有人类发病和小规模流行
  - 洪水和地震等自然灾害也可导致炭疽流行
  - 以炭疽芽孢作为武器进行攻击,可以造成人群的非自然感染

自然宿主
- 野生动物 — 大象、河马和非洲羚羊等
- 家畜 — 牛、羊、马和猪等
- 已发现菌株 — Ames、Ternme、Vllum等

传染性与传播方式
- 自然感染途径 — 皮肤、胃肠道、呼吸接触
- 恐怖袭击可通过气溶胶方式释放 — 呼吸道、皮肤接触、进食污染的水和食物

潜伏期
- 一般1～7 d,但多在暴露于病原体后2 d发病;最长可达12 d
- 长短取决于感染细菌的数量、感染途径和个体免疫状态等因素

致病性
- 皮肤炭疽(95%)
  - 致病特点 — 不治疗的病例死亡率为10%～20%,患者经合适抗生素前死亡率则极低
  - 临床表现
    - 感染部位常以搔痒、突起、形成水泡,2～6 d内可形成凹陷的黑痂
    - 如未经治疗则会扩散至淋巴结和血液形成败血症
- 胃肠型炭疽(较罕见)
  - 致病特点 — 较为罕见,但误诊往往致死,常因误食污染肉或肉制品而感染
  - 临床表现 — 以胃肠疼痛、出血和快速出现腹水为特点
- 吸入性炭疽
  - 致病性 — 致死率非常高
  - 临床表现
    - 常以轻度非特异上呼吸道症状为主发热
    - 3～5 d可出现休克与死亡
    - X线检查可见纵隔增宽

四、诊断

1. 危险因素及临床表现

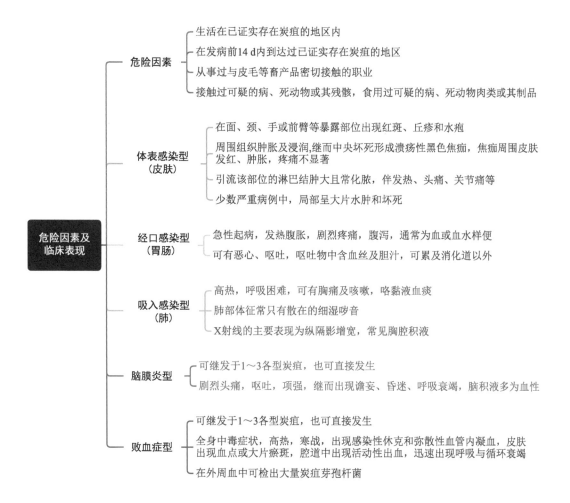

危险因素及临床表现

危险因素
- 生活在已证实存在炭疽的地区内
- 在发病前14 d内到达已证实存在炭疽的地区
- 从事过与皮毛等畜产品密切接触的职业
- 接触过可疑的病、死动物或其残骸，食用过可疑的病、死动物肉类或其制品

体表感染型（皮肤）
- 在面、颈、手或前臂等暴露部位出现红斑、丘疹和水疱
- 周围组织肿胀及浸润，继而中央坏死形成溃疡性黑色焦痂，焦痂周围皮肤发红、肿胀，疼痛不显著
- 引流该部位的淋巴结肿大且常化脓，伴发热、头痛、关节痛等
- 少数严重病例中，局部呈大片水肿和坏死

经口感染型（胃肠）
- 急性起病，发热腹胀，剧烈疼痛，腹泻，通常为血或血水样便
- 可有恶心、呕吐，呕吐物中含血丝及胆汁，可累及消化道以外

吸入感染型（肺）
- 高热，呼吸困难，可有胸痛及咳嗽，咯黏液血痰
- 肺部体征常只有散在的细湿啰音
- X射线的主要表现为纵隔影增宽，常见胸腔积液

脑膜炎型
- 可继发于1～3各型炭疽，也可直接发生
- 剧烈头痛，呕吐，项强，继而出现谵妄、昏迷、呼吸衰竭，脑积液多为血性

败血症型
- 可继发于1～3各型炭疽，也可直接发生
- 全身中毒症状，高热，寒战，出现感染性休克和弥散性血管内凝血，皮肤出现血点或大片瘀斑，腔道中出现活动性出血，迅速出现呼吸与循环衰竭
- 在外周血中可检出大量炭疽芽孢杆菌

3. 实验室检查

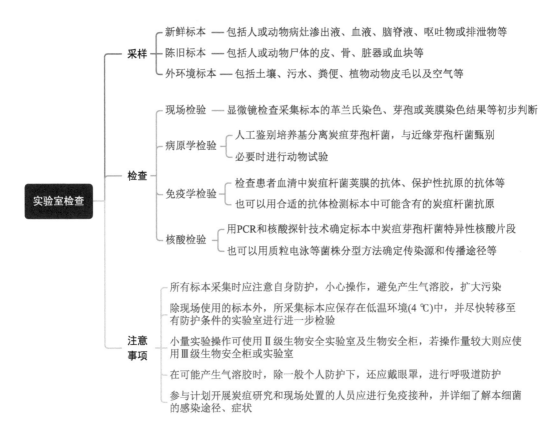

实验室检查
- 采样
  - 新鲜标本 —— 包括人或动物病灶渗出液、血液、脑脊液、呕吐物或排泄物等
  - 陈旧标本 —— 包括人或动物尸体的皮、骨、脏器或血块等
  - 外环境标本 —— 包括土壤、污水、粪便、植物动物皮毛以及空气等
- 检查
  - 现场检验 —— 显微镜检查采集标本的革兰氏染色、芽孢或荚膜染色结果等初步判断
  - 病原学检验
    - 人工鉴别培养基分离炭疽芽孢杆菌，与近缘芽孢杆菌甄别
    - 必要时进行动物试验
  - 免疫学检验
    - 检查患者血清中炭疽杆菌荚膜的抗体、保护性抗原的抗体等
    - 也可以用合适的抗体检测标本中可能含有的炭疽杆菌抗原
  - 核酸检验
    - 用PCR和核酸探针技术确定标本中炭疽芽孢杆菌特异性核酸片段
    - 也可以用质粒电泳等菌株分型方法确定传染源和传播途径等
- 注意事项
  - 所有标本采集时应注意自身防护，小心操作，避免产生气溶胶，扩大污染
  - 除现场使用的标本外，所采集标本应保存在低温环境(4 ℃)中，并尽快转移至有防护条件的实验室进行进一步检验
  - 小量实验操作可使用Ⅱ级生物安全实验室及生物安全柜，若操作量较大则应使用Ⅲ级生物安全柜或实验室
  - 在可能产生气溶胶时，除一般个人防护下，还应戴眼罩，进行呼吸道防护
  - 参与计划开展炭疽研究和现场处置的人员应进行免疫接种，并详细了解本细菌的感染途径、症状

4. 诊断标准

（1）疑似诊断：典型皮肤损害，或有流行病学线索，且有临床表现之一。

（2）临床诊断：具有实验室检查中镜检结果及临床表现五条中的任意一条。

（3）确定诊断：临床诊断病例加其他实验室检验中任意一项阳性。

五、预防措施

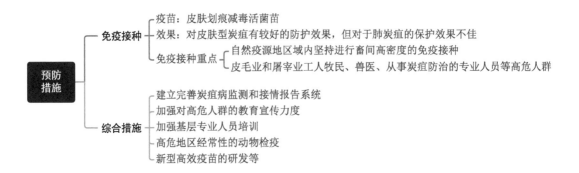

预防措施
- 免疫接种
  - 疫苗：皮肤划痕减毒活菌苗
  - 效果：对皮肤型炭疽有较好的防护效果，但对于肺炭疽的保护效果不佳
  - 免疫接种重点
    - 自然疫源地区域内坚持进行畜间高密度的免疫接种
    - 皮毛业和屠宰业工人牧民、兽医、从事炭疽防治的专业人员等高危人群
- 综合措施
  - 建立完善炭疽病监测和接情报告系统
  - 加强对高危人群的教育宣传力度
  - 加强基层专业人员培训
  - 高危地区经常性的动物检疫
  - 新型高效疫苗的研发等

六、处置措施

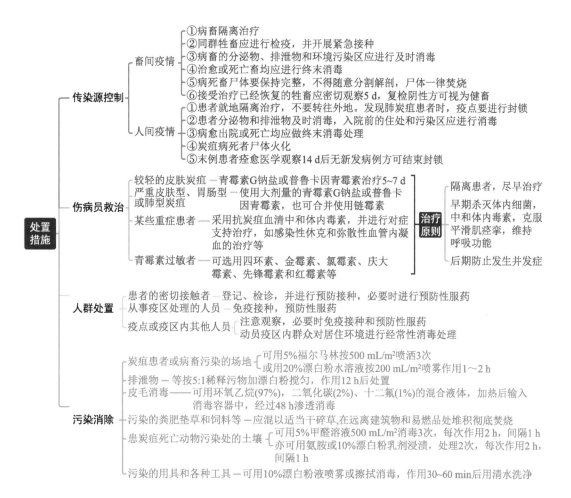

（图片制作：邓免志）

第六章 肉毒梭菌感染

一、概述

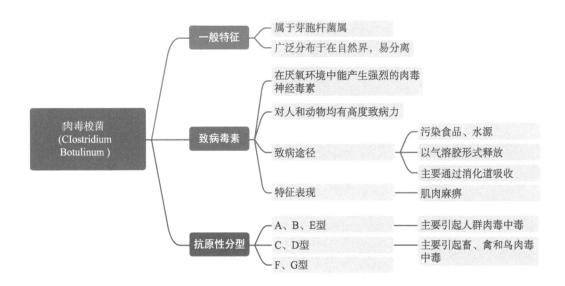

肉毒梭菌 (CIostridium Botulinum)
- 一般特征
  - 属于芽胞杆菌属
  - 广泛分布于在自然界，易分离
- 致病毒素
  - 在厌氧环境中能产生强烈的肉毒神经毒素
  - 对人和动物均有高度致病力
  - 致病途径
    - 污染食品、水源
    - 以气溶胶形式释放
    - 主要通过消化道吸收
  - 特征表现——肌肉麻痹
- 抗原性分型
  - A、B、E型——主要引起人群肉毒中毒
  - C、D型——主要引起畜、禽和鸟肉毒中毒
  - F、G型

二、病原学特征

1. 生物学特征

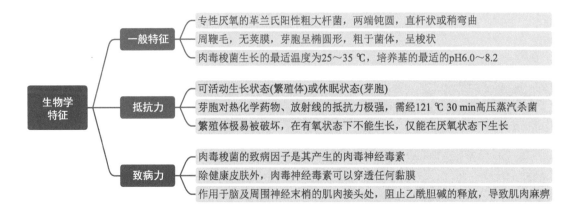

生物学特征
- 一般特征
  - 专性厌氧的革兰氏阳性粗大杆菌，两端钝圆，直杆状或稍弯曲
  - 周鞭毛，无荚膜，芽胞呈椭圆形，粗于菌体，呈梭状
  - 肉毒梭菌生长的最适温度为25～35 ℃，培养基的最适的pH6.0～8.2
- 抵抗力
  - 可活动生长状态(繁殖体)或休眠状态(芽胞)
  - 芽胞对热化学药物、放射线的抵抗力极强，需经121 ℃ 30 min高压蒸汽杀菌
  - 繁殖体极易被破坏，在有氧状态下不能生长，仅能在厌氧状态下生长
- 致病力
  - 肉毒梭菌的致病因子是其产生的肉毒神经毒素
  - 除健康皮肤外，肉毒神经毒素可以穿透任何黏膜
  - 作用于脑及周围神经末梢的肌肉接头处，阻止乙酰胆碱的释放，导致肌肉麻痹

2. 中毒形式

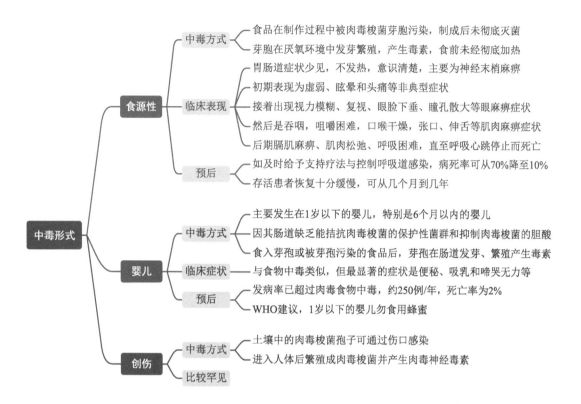

三、流行病学特征

1. 疾病分布

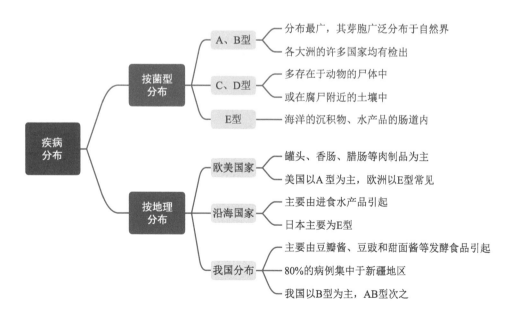

除肉毒梭菌外，酪酸梭菌（C. butyricum）、巴拉特梭菌（C. baratii）也可产生肉毒神经毒素，并引起肉毒中毒。

2. 感染途径

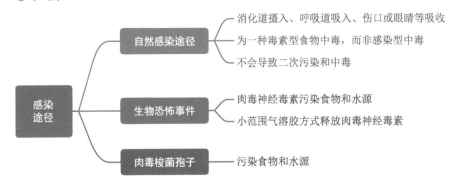

3. 潜伏期及致病性

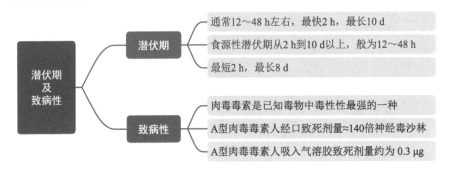

四、诊断

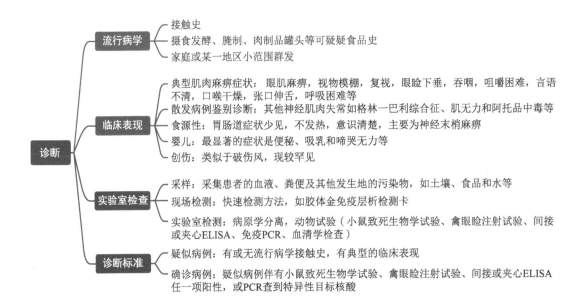

五、预防与控制

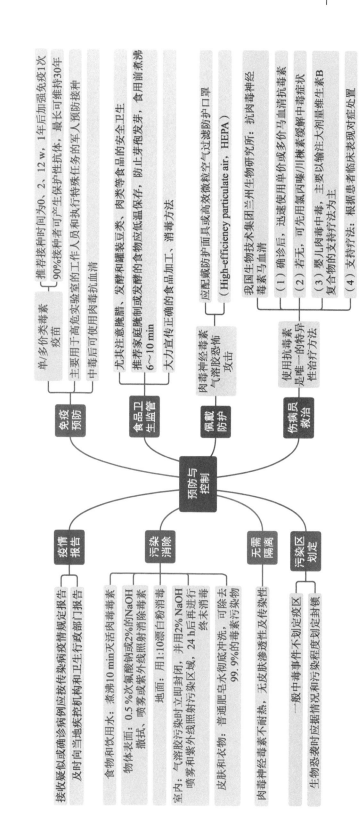

免疫预防
- 单/多价类毒素疫苗
  - 推荐接种时间为0、2、12 w，1年后加强免疫1次
  - 90%接种者可产生保护性抗体，最长可维持30年
- 主要用于高危实验室的工作人员和执行特殊任务的军人预防接种
- 中毒后可使用肉毒抗血清

食品卫生监管
- 尤其注意腌腊、发酵和罐装豆类、肉类等食品的安全卫生
- 推荐家庭腌制或发酵制的食物应低温保存，防止芽孢发芽，食用前煮沸
- 6～10 min
- 大力宣传正确的食品加工、消毒方法

佩戴防护
- 肉毒神经毒素气溶胶恐怖攻击
- 应配戴防护面具或高效微粒空气过滤防护口罩
- （High-efficiency particulate air，HEPA）

伤病员救治
- 我国生物技术集团兰州生物制品研究所：抗肉毒神经毒素马血清
- 使用抗毒素是唯一的特异性治疗方法
  - （1）确诊后，迅速使用单价或多价马血清抗毒素
  - （2）若无，可先用氯丙嗪/川楝素缓解中毒症状
  - （3）婴儿肉毒中毒，主要以输注大剂量维生素B
  - 复合物的支持疗法为主
  - （4）支持疗法：根据患者临床表现对症处置

预防与控制

疫情报告
- 接收疑似或确诊病例应按传染病疫情规定报告
- 及时向当地疾控机构和卫生行政部门报告

污染消除
- 食物和饮用水：煮沸10 min灭活肉毒毒素
- 物体表面：0.5%次氯酸钠或2%的NaOH
  - 擦拭、喷雾或紫外线照射消除毒素
- 地面：用1:10漂白粉消毒
  - 喷雾或紫外线照射污染区域，24 h后再进行终末消毒
- 室内：气溶胶污染时立即封闭，并用2% NaOH
  - 喷雾和紫外线照射污染区域，可清除去99.9%的毒素污染物
- 皮肤和衣物：普通肥皂水彻底冲洗，无皮肤渗透性及传染性
- 肉毒神经毒素不耐热

无需隔离
- 肉毒神经毒素不耐热，无皮肤渗透性及传染性

污染区划定
- 一般中毒事件不划定疫区
- 生物恐袭时应根据污染情况和污染程度划定封锁

（图片制作：张联芳）

第七章　新型冠状病毒肺炎

一、病原学特点

新型冠状病毒为 β 属的冠状病毒。

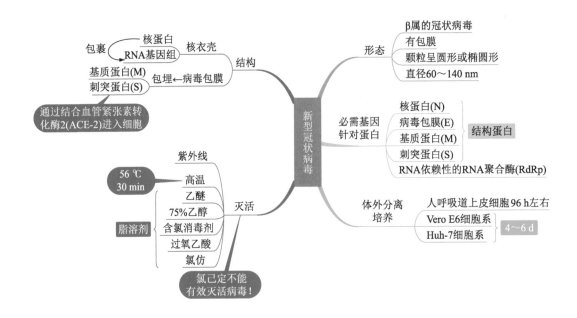

二、流行病学特点

新型冠状病毒感染的肺炎为我国传染病防治法规定的乙类传染病，采取甲类传染病的预防、控制措施，同时纳入检疫传染病管理。

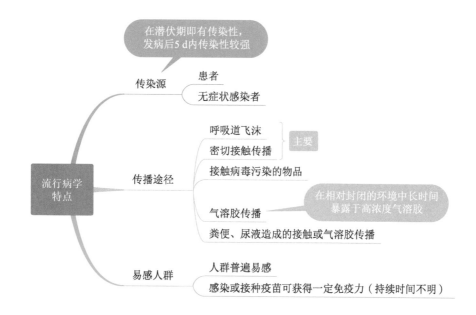

三、临床特点

1. 临床表现

以发热、乏力、干咳为主要表现，鼻塞、流涕等上呼吸道症状少见。

（1）儿童

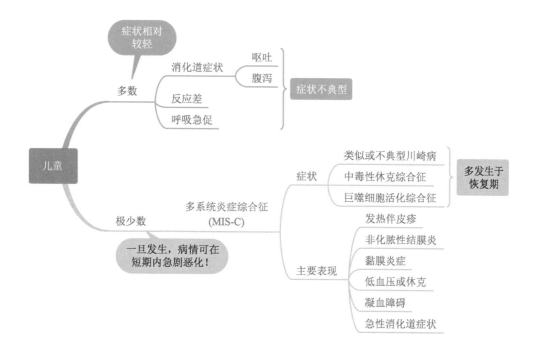

（2）成人

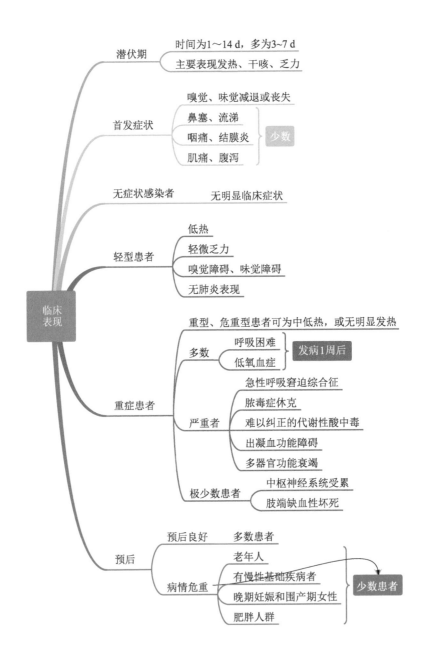

潜伏期
　　时间为1～14 d，多为3~7 d
　　主要表现发热、干咳、乏力

首发症状
　　嗅觉、味觉减退或丧失
　　鼻塞、流涕
　　咽痛、结膜炎　　少数
　　肌痛、腹泻

无症状感染者　　无明显临床症状

轻型患者
　　低热
　　轻微乏力
　　嗅觉障碍、味觉障碍
　　无肺炎表现

临床表现

重症患者
　　重型、危重型患者可为中低热，或无明显发热
　　多数
　　　　呼吸困难
　　　　低氧血症　　发病1周后
　　严重者
　　　　急性呼吸窘迫综合征
　　　　脓毒症休克
　　　　难以纠正的代谢性酸中毒
　　　　出凝血功能障碍
　　　　多器官功能衰竭
　　极少数患者
　　　　中枢神经系统受累
　　　　肢端缺血性坏死

预后
　　预后良好　　多数患者
　　病情危重
　　　　老年人
　　　　有慢性基础疾病者
　　　　晚期妊娠和围产期女性　　少数患者
　　　　肥胖人群

2. 辅助检查

（1）一般检查

　　感染患者的常规实验室检查可有异常，如血常规、降钙素原、红细胞沉降率、C 反应蛋白、肝酶、肌酶等。

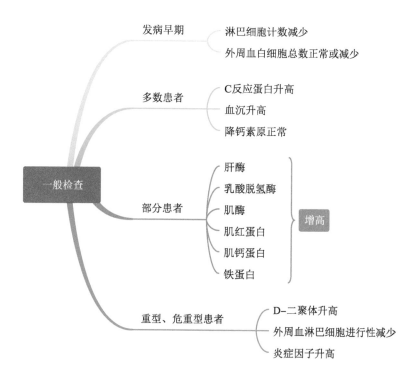

（2）胸部影像学检查

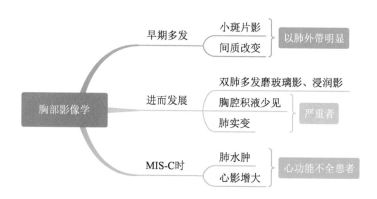

（3）病原学及血清学检查

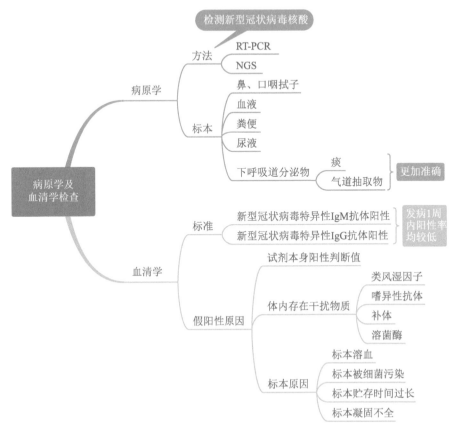

四、诊断

1. 诊断原则

根据流行病学史、临床表现、实验室检查等进行综合分析，作出诊断。

2. 诊断标准

（1）疑似病例

有下述流行病学史中的任何 1 条，且符合临床表现中任意 2 条。无明确流行病学史的，符合临床表现中的 3 条，或符合临床表现中任意 2 条，同时新型冠状病毒特异性 IgM 抗体阳性（近期接种过新冠疫苗者不作为参考指标）。

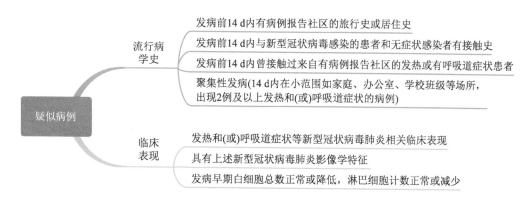

（2）确诊病例

疑似病例具备以下病原学或血清学证据之一者。

五、重型/危重型早期预警指标

有以下指标变化应警惕病情恶化。

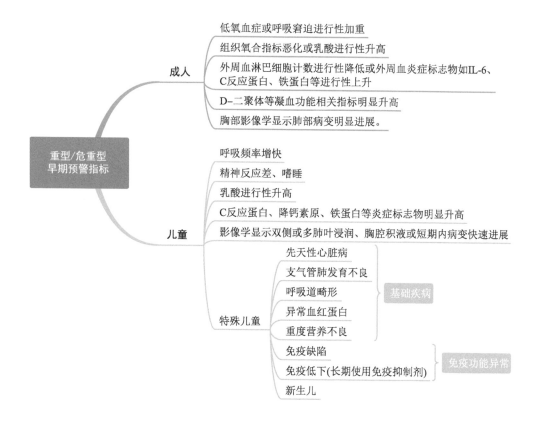

六、病例的发现与报告

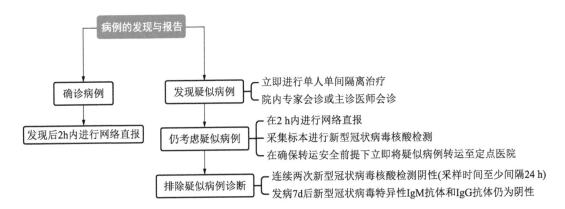

七、治疗

1. 治疗场所

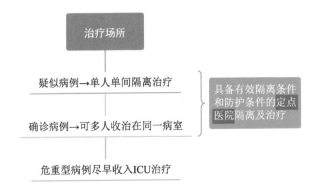

2. 一般治疗

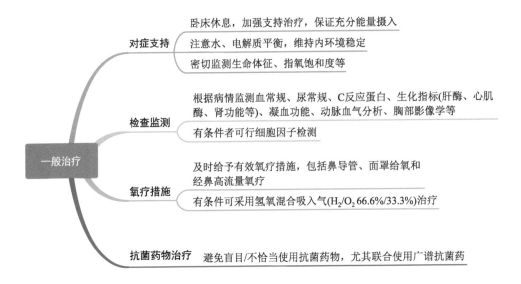

3. 重型、危重型病例的治疗

在上述治疗的基础上，积极防治并发症，治疗基础疾病，预防继发感染，及时进行器官功能支持。

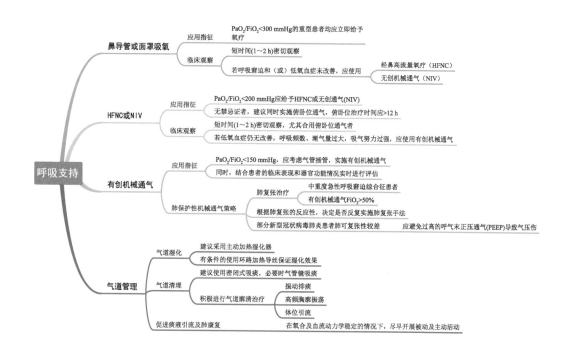

八、转运原则

按照国家卫生健康委印发的《新型冠状病毒感染的肺炎病例转运工作方案（试行）》执行。

1. 基本要求

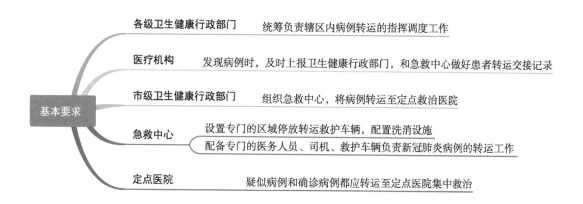

2. 转运要求

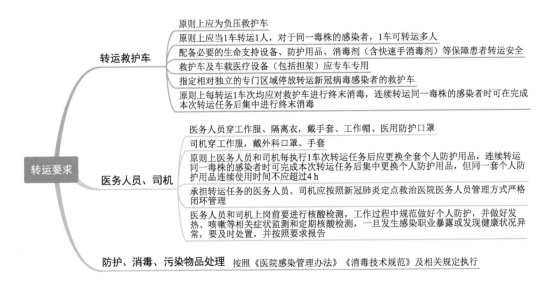

3. 工作流程

（1）转运流程

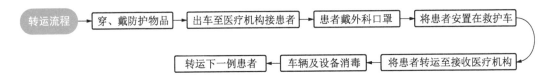

（2）穿戴及脱摘防护物品流程

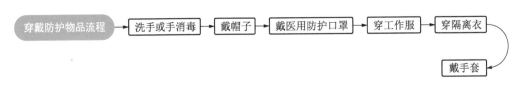

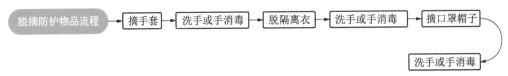

（3）救护车清洁消毒

空气：开窗通风。

车厢及其物体表面：过氧化氢喷雾或含氯消毒剂擦拭消毒。

（图片制作：苏佳瑞）

核生化应急医学救援
临床决策思维导图

第三篇

化学毒剂损伤救治

第八章　绪　论

一、基本定义

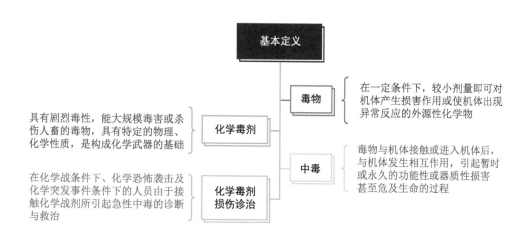

毒物：在一定条件下，较小剂量即可对机体产生损害作用或使机体出现异常反应的外源性化学物

化学毒剂：具有剧烈毒性，能大规模毒害或杀伤人畜的毒物，具有特定的物理、化学性质，是构成化学武器的基础

中毒：毒物与机体接触或进入机体后，与机体发生相互作用，引起暂时或永久的功能性或器质性损害甚至危及生命的过程

化学毒剂损伤诊治：在化学战条件下、化学恐怖袭击及化学突发事件条件下的人员由于接触化学战剂所引起急性中毒的诊断与救治

二、诊断

1. 诊断依据

依据中毒史、典型中毒症状体征，结合毒检和临床检验结果，综合诊断。

2. 病情分级

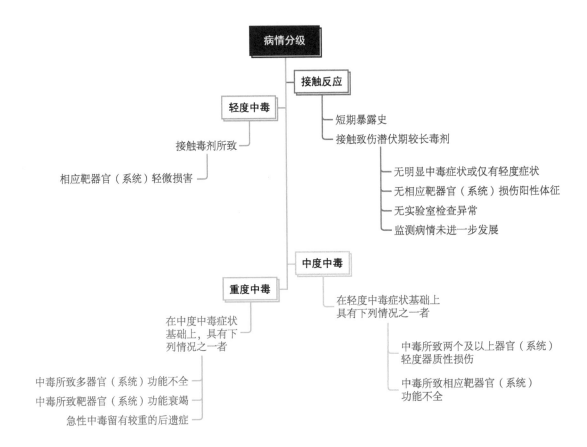

三、救治原则

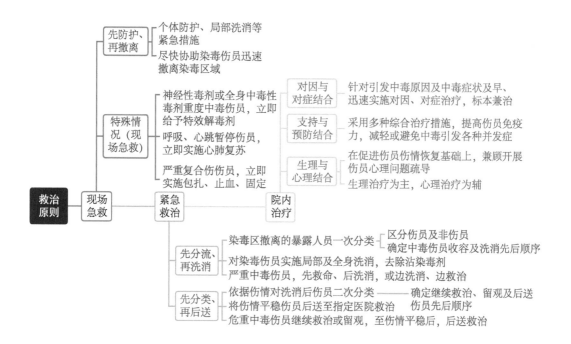

（图片制作：丁婧）

第九章　神经性化学毒剂

一、基础知识

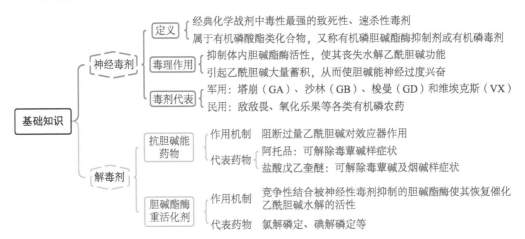

二、诊断

1. 诊断依据

主要依据中毒史、典型中毒症状、全血胆碱酯酶活性和毒检结果综合进行诊断。现场无条件情况下，主要依据典型中毒症状诊断。

2. 病情分级

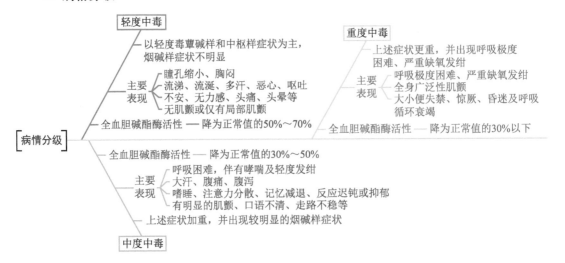

三、现场急救

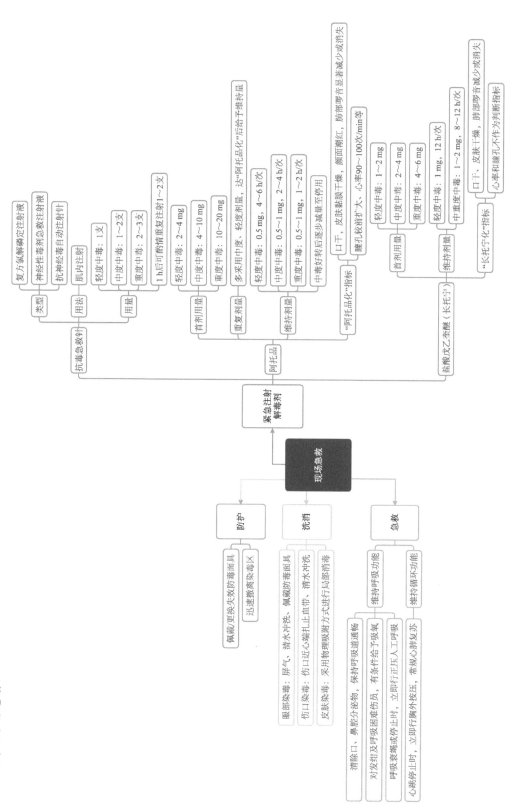

四、院内救治

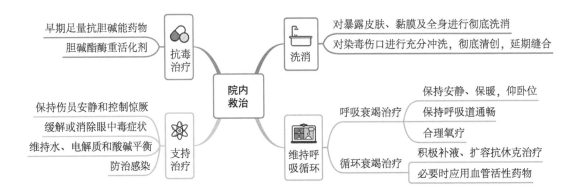

早期足量抗胆碱能药物
胆碱酯酶重活化剂 ── 抗毒治疗

对暴露皮肤、黏膜及全身进行彻底洗消
对染毒伤口进行充分冲洗,彻底清创,延期缝合 ── 洗消

院内救治

保持伤员安静和控制惊厥
缓解或消除眼中毒症状
维持水、电解质和酸碱平衡
防治感染 ── 支持治疗

维持呼吸循环

呼吸衰竭治疗
保持安静、保暖,仰卧位
保持呼吸道通畅
合理氧疗

循环衰竭治疗
积极补液、扩容抗休克治疗
必要时应用血管活性药物

(图片制作:陶思晴)

第十章　窒息性化学毒剂

一、基础知识

1. 基本定义

窒息性毒剂，又称肺刺激剂、肺损伤性毒剂，主要损伤呼吸道和肺，引发肺损伤、肺水肿，从而导致机体产生急性缺氧、窒息乃至死亡。

2. 病理生理及分类

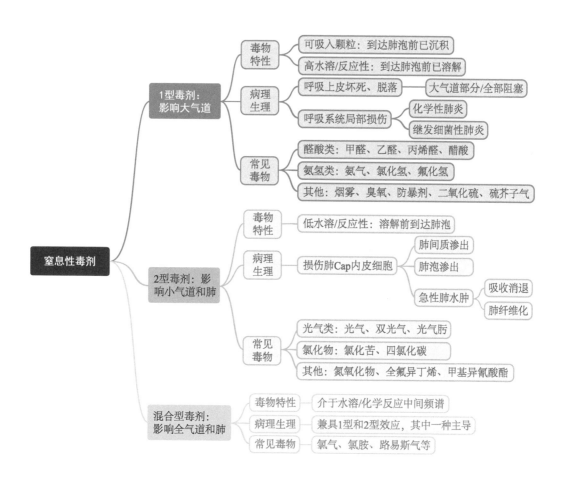

二、临床表现

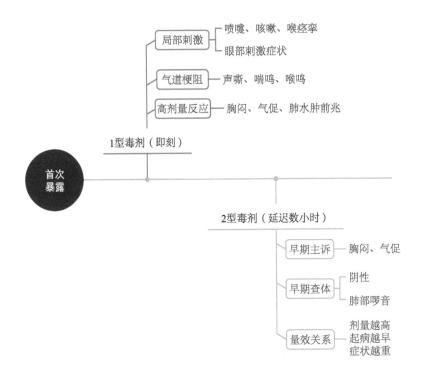

三、诊断依据及流程

1. 通过临床诊断来确认暴露接触和区分损伤类型

1 型毒剂多累及大气道，可闻及明显呼吸音和突出呼吸道刺激症状。

2 型毒剂损伤可有早期呼吸道刺激症状并逐渐缓解，伴有迟发气促症状及进行性呼吸困难。

2. 影像学检查需监测

1 型毒剂损伤造成的化学性或继发性肺炎可能出现散在模糊斑片影，后期影像学检查可见明显肺水肿。

2 型毒剂损伤早期胸部 X 线片结果可正常，随后可见克利 B 线、间质浸润及 ARDS 等表现。

支气管镜检查可确诊 1 型毒剂损伤，但可漏掉早期 2 型毒剂损伤。实验室检查对初诊无用，但 SpO_2 和（或）动脉血气可帮助监测病情。

四、严重程度分级

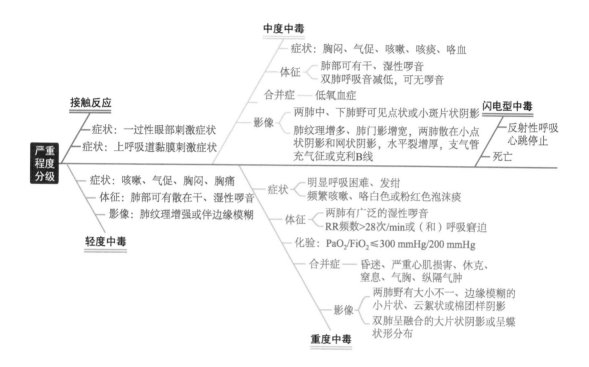

接触反应
- 症状：一过性眼部刺激症状
- 症状：上呼吸道黏膜刺激症状

轻度中毒
- 症状：咳嗽、气促、胸闷、胸痛
- 体征：肺部可有散在干、湿性啰音
- 影像：肺纹理增强或伴边缘模糊

中度中毒
- 症状：胸闷、气促、咳嗽、咳痰、咯血
- 体征：
  - 肺部可有干、湿性啰音
  - 双肺呼吸音减低，可无啰音
- 合并症：低氧血症
- 影像：
  - 两肺中、下肺野可见点状或小斑片状阴影
  - 肺纹理增多、肺门影增宽，两肺散在小点状阴影和网状阴影，水平裂增厚，支气管充气征或克利B线

重度中毒
- 症状：
  - 明显呼吸困难、发绀
  - 频繁咳嗽、咯白色或粉红色泡沫痰
- 体征：
  - 两肺有广泛的湿性啰音
  - RR频数>28次/min或（和）呼吸窘迫
- 化验：$PaO_2/FiO_2 \leqslant 300\ mmHg/200\ mmHg$
- 合并症：昏迷、严重心肌损害、休克、窒息、气胸、纵隔气肿
- 影像：
  - 两肺野有大小不一、边缘模糊的小片状、云絮状或棉团样阴影
  - 双肺呈融合的大片状阴影或呈蝶状形分布

闪电型中毒
- 反射性呼吸心跳停止
- 死亡

五、现场急救

一般
- 尽量减少活动
- 降低机体氧耗量
- 保持安静、注意保暖

防护
- 佩戴/更换失效防毒面具
- 迅速撤离染毒区

对症
- 有条件时给氧
- 保持呼吸道通畅
- 必要时插管或气管切开

洗消
- 去除衣物，避免二次损伤
- 尽早转运后送

现场急救

六、院内救治

原则：早期、足量、短程

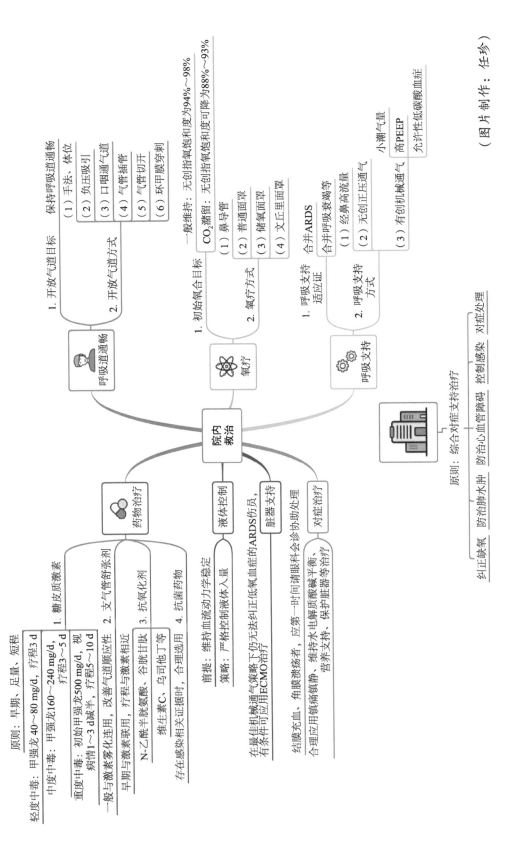

呼吸道通畅

1. 开放气道目标 — 保持呼吸道通畅

2. 开放气道方式
- （1）手法、体位
- （2）负压吸引
- （3）口咽通气道
- （4）气管插管
- （5）气管切开
- （6）环甲膜穿刺

氧疗

1. 初始氧合目标 — 一般维持：无创指氧饱和度为94%～98%
CO_2潴留：无创指氧饱和度可降为88%～93%

2. 氧疗方式
- （1）鼻导管
- （2）普通面罩
- （3）储氧面罩
- （4）文丘里面罩

呼吸支持

1. 呼吸支持适应证 — 合并ARDS 合并呼吸衰竭等

2. 呼吸支持方式
- （1）经鼻高流量
- （2）无创正压通气
- （3）有创机械通气 — 小潮气量 高PEEP 允许性低碳酸血症

药物治疗

1. 糖皮质激素
- 轻度中毒：甲强龙 40～80 mg/d，疗程3 d
- 中度中毒：甲强龙160～240 mg/d，疗程3～5 d
- 重度中毒：初始甲强龙500 mg/d，视病情1～3 d减半，疗程5～10 d

2. 支气管舒张剂 — 一般与激素雾化连用，改善气道顺应性

3. 抗氧化剂 — 早期与激素联用，疗程与激素相近
N-乙酰半胱氨酸、合胱甘肽、维生素C、乌司他丁等

4. 抗菌药物 — 存在感染相关证据时，合理选用

液体控制
- 前提：维持血流动力学稳定
- 策略：严格控制液体入量

脏器支持 — 在最佳机械通气策略下仍无法纠正低氧血症的ARDS伤员，有条件者可应用ECMO治疗

对症治疗 — 结膜充血、角膜溃疡者，应第一时间请眼科会诊协助处理
合理应用镇痛镇静，维持水电解质酸碱平衡，营养支持，保护脏器等治疗

原则：综合对症支持治疗
纠正缺氧 防治肺水肿 防治心血管障碍 控制感染 对症处理

（图片制作：任珍）

第十一章 糜烂性化学毒剂

一、基础知识

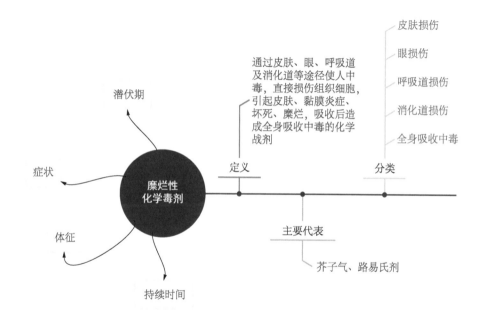

二、临床表现

1. 皮肤损伤

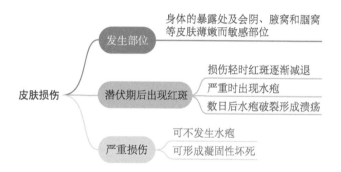

芥子气皮肤中毒损伤的分度可按普通烧伤的三度四分法，详见下表。

	潜伏期	症 状	体 征	持续时间
I 度	10~12 h 或更久	烧灼感，刺痒，疼痛	局部性或弥漫性轻度红斑	5~10 d
浅 II 度	6~12 h	水疱区明显疼痛	中毒后 12~24 h 发生小水疱，随后 2~3 d 内继续出现水疱，水疱排列成项链状或成融合性大水疱，疱皮薄，疱液由透明变浑浊，周围有红晕	3~4 周
深 II 度	2~6 h	水疱区剧烈疼痛	中毒后 3~12 h 发生深层水疱，融合性大水疱疱皮较厚，疱液呈胶冻状	6~8 周
III 度	2~6 h 或更短	坏死区周边部位疼痛	中毒后数小时，损伤部位中央呈白色或黑褐色坏死区，坏死区发凉，痛觉减退或消失，周围常有红斑和水疱	8 周以上

2. 眼部损伤

芥子气眼中毒损伤分度详见下表。

	潜伏期	症 状	体 征	持续时间
轻度	4~12 h	刺痛，烧灼感，轻度流泪，畏光	结膜充血，眼睑轻度肿胀	2~14 d
中度	3~6 h	疼痛，烧灼感、异物感明显，大量流泪，畏光，暂时性失明	结膜充血，眼睑高度水肿，分泌物多，角膜轻度混浊，角膜浅层溃疡	数周
重度	<3 h	剧痛，明显流泪，畏光，暂时性失明	眼睑高度水肿、结膜明显充血、角膜浑浊	数月
极重度	<3 h	眼剧痛，大量流泪，畏光，个别永久性失明	眼睑高度水肿、结膜明显充血糜烂、角膜浑浊、玻璃体浑浊或眼底病变	数月

3. 呼吸道损伤

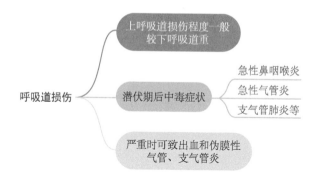

芥子气呼吸道损伤分度详见下表。

	潜伏期	症　状	体　征	持续时间
轻度	>12 h	流涕，咽干，咽痛，咳嗽，少量粘痰，头痛	低热，鼻咽部轻度充血	2 周
中度	6～12 h	上述症状较重，胸闷，胸痛，咳粘稠血丝痰或脓性痰，声哑	体温 38～39 ℃，呼吸、脉搏加快，鼻咽部明显充血水肿，肺部干、湿性啰音，胸部 X 线示肺纹理增粗	1～2 月，继发感染恢复时间较长
重度	<6 h	上述症状更重，咽痛剧烈，失声，痰中带血，胸痛	体温 39～40 ℃，呼吸、脉搏加快，鼻翼煽动，发绀，两肺布满干、湿性啰音，胸部 X 线有斑片状阴影	数月
极重度	<6 h	上述症状更重，咽痛剧烈，失声，咳出片状或环状伪膜	高热，肺弥漫性啰音，胸部 X 线示两肺有斑片状阴影或实变影	数月

4. 消化道损伤

芥子气消化道损伤分度详见下表。

	潜伏期	症 状	体 征	持续时间
轻度	约1 h	恶心、呕吐、流涎、厌食、上腹/全腹痛、腹泻	唇、舌、牙龈和口腔黏膜充血水肿，粪便隐血试验阳性	数天
中度	约1 h	上述症状加重，吞咽困难，语言障碍	口腔黏膜明显充血水肿，有糜烂和溃疡，柏油样便	数周
重度	约1 h	上述症状更重，血性腹泻	在出现上述体征同时伴有休克	数月

（5）全身吸收中毒

芥子气全身吸收中毒分度详见下表。

	潜伏期	症 状	白细胞计数	中毒颗粒	便潜血	持续时间
轻度	4～12 h	全身不适、恶心、呕吐、食欲差	$>3.5 \times 10^9/L$	无	阴性	5～10 d
中度	4～12 h	上述症状加重，腹痛、便秘或稀便、发热、烦躁不安或精神抑郁、嗜睡	$(2.5～3.5) \times 10^9/L$	有	阳性	数周～数月
重度	<12 h	上述症状加重，拒食、腹痛、腹泻、稀便、血便、高热、寡言、淡漠、嗜睡、夜间惊叫、神志不清	$<2.0 \times 10^9/L$	明显增加	阳性	数月
极重度	<12 h	上述症状加重，腹痛、腹泻、血便、高热、神志不清、休克	$<2.0 \times 10^9/L$	明显增加	阳性	数月

三、诊断

根据中毒史、以皮肤损伤为特征的中毒症状，结合毒剂侦检和实验室检查结果，综合分析做出诊断。

四、现场救治

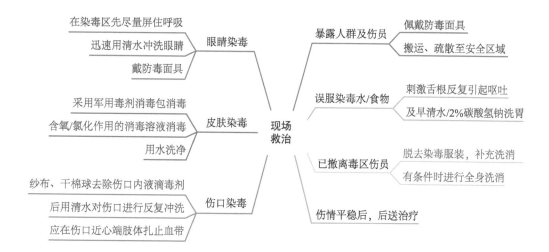

五、院内治疗

根据不同损伤类型，采取不同治疗策略。
总体治疗原则均为对症支持治疗、防治继发感染。

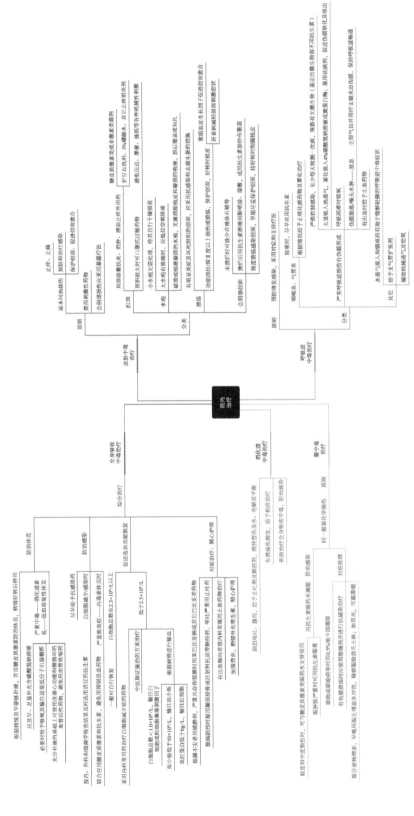

（图片制作：张芝况）

第十二章　全身中毒性化学毒剂

一、基础知识

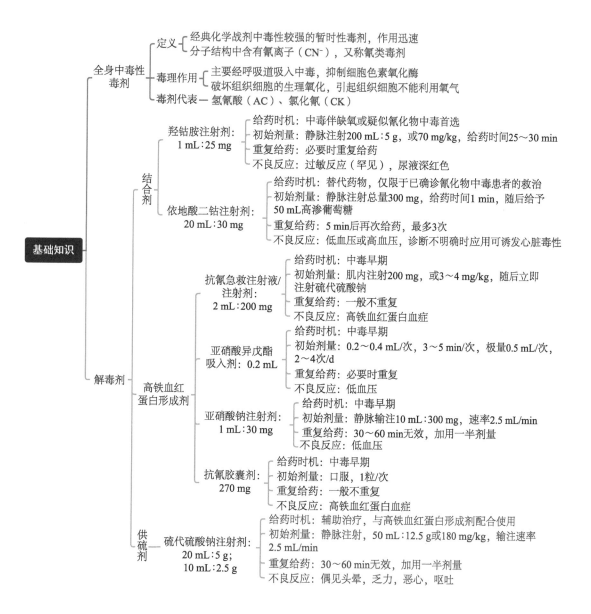

二、临床表现及病情分级

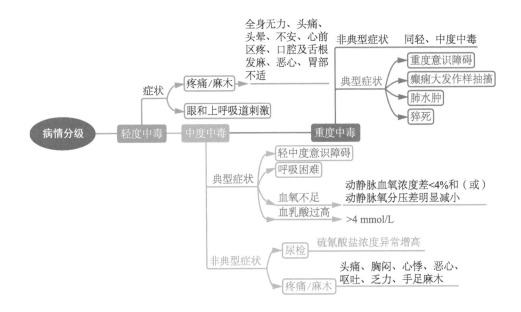

三、诊断

依据中毒史、以中枢神经系统损害为特征的中毒症状表现，结合化验检查及毒检结果，综合做出诊断。

四、现场急救

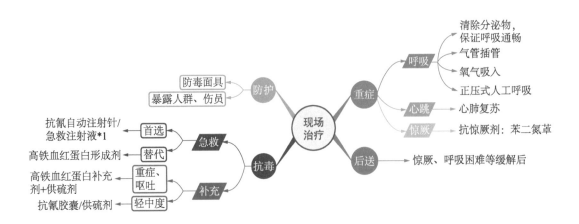

五、院内救治

抗毒治疗和综合治疗相结合。

氯化氰中毒：前期抗毒和后期防治肺水肿。

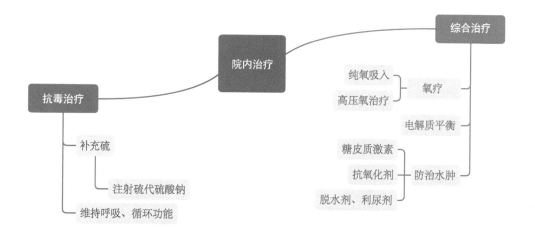

（图片制作：徐欣婕）